COMMISSION DU GRISOU

SUR LES RÉSULTATS OBTENUS

Au siège d'expériences de Frameries

AVEC LES

EXPLOSIFS DE SÛRETÉ

PAR

M. G. CHESNEAU,

Ingénieur en Chef des Mines, Secrétaire de la Commission.

(Extrait des ANNALES DES MINES, livraison d'Octobre 1905.)

PARIS

H. DUNOD ET E. PINAT, ÉDITEURS

SUCCESSEURS DE Vᵛᵉ CH. DUNOD

49, Quai des Grands-Augustins, 49

1905

COMMISSION DU GRISOU

SUR LES RÉSULTATS OBTENUS

Au siège d'expériences de Frameries

AVEC LES

EXPLOSIFS DE SÛRETÉ

PAR

M. G. CHESNEAU,

Ingénieur en Chef des Mines, Secrétaire de la Commission.

(Extrait des ANNALES DES MINES, livraison d'Octobre 1905.)

PARIS

H. DUNOD et E. PINAT, ÉDITEURS

SUCCESSEURS DE Vve CH. DUNOD

49, Quai des Grands-Augustins, 49

1905

COMMISSION DU GRISOU.

SUR LES RÉSULTATS OBTENUS

AU SIÈGE D'EXPÉRIENCES DE FRAMERIES

AVEC

LES EXPLOSIFS DE SURETÉ

I. — RAPPORT PRÉSENTÉ A LA COMMISSION

Par M. G. CHESNEAU, Ingénieur en Chef des Mines,
Secrétaire de la Commission.

A la suite de la communication faite au Congrès des Mines tenu à Liège, en 1905, sur les résultats obtenus à Frameries par les Ingénieurs de l'État Belge dans leurs études concernant les explosifs de sûreté, la Commission française du grisou a été appelée à examiner l'opportunité de rechercher, au besoin par des essais effectués en variant les conditions de ces expériences, si les explosifs nouveaux préconisés à Liège offrent des avantages réels sur ceux usités dans les Mines françaises.

Les expériences poursuivies au siège de Frameries, et encore en cours, ont fait l'objet d'un rapport détaillé inséré dans le tome I des *Comptes Rendus du Congrès de Liège*, et présenté par leurs auteurs, MM. Watteyne, Ingénieur en chef du Corps des Mines Belge, Directeur du service des accidents miniers et du grisou en Belgique, et Stassart, Ingénieur principal des Mines à Mons.

M. Watteyne a, du reste. publié déjà, depuis plusieurs années, des études très remarquées sur la question des explosifs de sûreté; nous avons discuté ses idées théoriques dans une note présentée en décembre 1898 à la Commission du Grisou et insérée dans les *Annales des Mines* de mars 1899 sous le titre : *Note sur les recherches récentes concernant les explosifs de sûreté.*

Depuis cette époque. M. Watteyne renonçant, à l'inverse du système adopté en France, à toute conception théorique pour trouver le critérium des explosifs de sûreté, a recommandé comme base unique de leur classification une méthode purement expérimentale, consistant à faire détoner des charges croissantes de chaque espèce d'explosif au sein d'un mélange inflammable d'air et de grisou na turel jusqu'à ce que ce mélange soit allumé. On détermine ainsi empiriquement la *charge-limite* de chaque explosif qui n'allume certainement pas le grisou. Le dispositif des essais faits par M. Watteyne et ses collaborateurs au siège d'expériences de Frameries est le suivant : les cartouches sont placées *sans bourrage* sur une ou deux files dans un canon d'acier de 65 millimètres de diamètre, situé au fond d'une galerie de 2 mètres carrés de section dans laquelle on isole un volume de 10 mètres cubes au moyen d'une cloison en papier paraffiné, et qu'on rend explosif par l'introduction de 8 p. 100 de grisou provenant de la mine.

On a ainsi déterminé à Frameries la charge-limite de 29 explosifs de fabrication belge ou allemande. Quelques essais, mais encore en petit nombre, ont été faits avec un bourrage uniforme de 10 centimètres de sable tassé, et les charges-limites ont été fortement accrues, d'au moins 300 grammes pour les explosifs ayant donné des charges-limites de 50 grammes au moins sans bourrage.

Les résultats obtenus au siège d'expériences de Frameries ont été sanctionnés par une Circulaire ministérielle

belge du 31 janvier 1905, avec annexe donnant la liste
des explosifs de sûreté seuls autorisés par l'Administration belge, et indiquant la *charge maximum* pouvant être
employée dans les travaux grisouteux ; cette charge maximum n'est autre que la charge-limite sans bourrage
augmentée de 200 grammes pour tenir compte du sur-
croit de sécurité que le bourrage procure. La charge
maximum la plus faible des dix explosifs figurant sur cette
liste est de 450 grammes. Le siège d'expériences de Frameries reste d'ailleurs à la disposition du public pour l'essai
d'explosifs nouveaux, et c'est ainsi qu'une Circulaire du
15 mai 1905 a déjà enrichi d'une nouvelle poudre la liste
du 31 janvier précédent.

Les expériences de Frameries n'ont, en réalité, apporté
aucun élément nouveau dans la question des explosifs de
sûreté, car elles n'ont fait, au fond, que répéter, en les
étendant, bien entendu, à de nouveaux mélanges, les
expériences poursuivies de 1894 à 1897 au siège de Gelsenkirchen, en Westphalie, d'abord par M. Winkhaus,
puis par M. le Bergassessor Heise, avec cette seule différence qu'à Gelsenkirchen on ajoutait des poussières de
houille en suspension dans le mélange grisouteux, et que
les explosifs étaient essayés non seulement au mortier
sans bourrage comme à Frameries, mais aussi à l'air
libre en paquets de cartouches ficelées placées sur une
planche. Il en résulte que les résultats les plus importants
obtenus à Frameries sont identiques ou à peu près à ceux
fournis par les expériences de M. Heise. C'est ainsi que
l'explosif allemand désigné sous le nom de *Kohlencarbonite*, qui a donné au mortier sans bourrage à M. Watteyne
la charge-limite la plus élevée, 900 grammes, avait pré-
cisément donné la même charge-limite à M. Heise, dans
les mêmes conditions, et M. Heise l'avait également
classé au premier rang des explosifs de sûreté

La « Carbonite n° II », qui a donné à Frameries une

charge-limite de 550 grammes, a fourni à Gelsenkirchen un chiffre un peu plus élevé, 735 grammes.

Voici la composition de ces deux explosifs :

Kohlencarbonite.		*Carbonite* n° II.	
	p. 100.		p. 100.
Nitroglycérine......	25	Nitroglycérine.......	30
Nitrate de potasse..	34	Nitrate de soude.....	24,5
Nitrate de baryte...	1	Farine de blé........	40,5
Farine de blé......	38,5	Bichromate de potasse.	5
Farine d'écorces...	1		100
Soude carbonatée..	0,5		
	100		

M. Heise, qui a calculé la température de détonation de ces deux explosifs d'après les règles de la Commission française, a trouvé 1.845° pour la Kohlencarbonite et 1.821° pour la Carbonite n° II.

Nous avons discuté en détail les expériences de M. Heise dans notre note précitée de décembre 1898, et les conclusions de cette note, qui ont été adoptées par la Commission du grisou, subsistent entières au regard des expériences de Frameries. Sans les reprendre en détail, nous rappellerons que M. Heise a obtenu en général des charges-limites beaucoup plus faibles en faisant détoner les cartouches à l'air libre (600 grammes pour la Kohlencarbonite, 300 pour la Carbonite n° II), comme l'avait d'ailleurs observé, la première, la Commission française, qui avait considéré la détonation à l'air libre comme un critérium de la sécurité plus rigoureux que le tirage au mortier.

Nous rappellerons également cette circonstance capitale, à savoir que M. Heise a obtenu des résultats absolument différents avec le même explosif suivant son état physique : 50 grammes de charge-limite à l'air libre avec la Dahménite A pulvérulente et 500 grammes avec le même explosif grené. la Dahménite A est formée de

91,3 p. 100) de nitrate d'ammoniaque, 6,5 de naphtaline et 2,2 de bichromate de potasse.

Nous rappellerons enfin que les charges-limites ont été trouvées beaucoup plus faibles qu'à Sevran-Livry pour un même explosif dans les expériences de Liévin, où la chambre d'explosion n'avait que $1^{mc},75$, tandis qu'elle avait à Sevran une capacité de 10 mètres cubes, comme à Frameries.

Les expériences de Frameries comparées à celles de Sevran-Livry font ressortir des divergences du même ordre : c'est ainsi que, dans les expériences de Frameries, la dynamite de sûreté belge (formée de 24 p. 100 de nitroglycérine, 1 p. 100 de nitrocellulose et 75 p. 100 de nitrate d'ammoniaque) a donné seulement 50 grammes de charge-limite, tandis que, dans les expériences de Sevran-Livry, un explosif formé de 30 p. 100 de dynamite et 70 p. 100 d'azotate d'ammoniaque, ce qui correspond presque exactement à la même proportion relative de nitroglycérine et de nitrate d'ammoniaque que dans l'explosif belge, n'a pas allumé le grisou avec 200 grammes détonant à l'air libre.

Le même explosif a d'ailleurs été essayé à Frameries sous un autre nom (grisoutine I), mais avec une composition identique (explosifs n°s 9 et 15 du tableau général du rapport de MM. Watteyne et Stassart) ; or, sous le nom de grisoutine I, il a donné une charge-limite plus élevée (75 grammes) que sous le nom de dynamite de sûreté, sans doute parce que l'état physique des deux produits était différent.

C'est cette variabilité dans le chiffre de la charge-limite suivant le mode de fabrication de l'explosif et suivant le dispositif des expériences qui nous a fait rejeter en 1898 le principe de la classification empirique par les charges-limites de M. Heise ; nos objections s'appliquent avec la même force à la classification de M. Watteyne et.

pas plus aujourd'hui qu'il y a sept ans, nous ne pensons qu'il faille renoncer à la simplicité de la formule française pour la remplacer par d'autres méthodes dont nous n'entrevoyons pas la supériorité et qui, d'ailleurs, ne contredisent pas le principe français des températures de détonation. Tous les explosifs considérés comme de sûreté par M. Heise ou M. Watteyne ont en effet des températures de détonation inférieures à 2.200°, comme l'exige la théorie française ; la seule différence, c'est que les charges-limites ne sont pas, avec des explosifs de natures différentes, dans l'ordre que leur assigneraient les températures de détonation.

Toutefois, en examinant le tableau récapitulatif de M. Watteyne, on peut, à première vue, être effrayé pour la sécurité de nos mines françaises par le médiocre classement des explosifs au nitrate d'ammoniaque, seuls employés jusqu'à présent chez nous comme explosifs de sûreté. Cette crainte ne nous paraît pas résister à un examen sérieux des résultats obtenus à Frameries, surtout quand on les compare à ceux obtenus en France ou en Allemagne.

Nous ferons tout d'abord observer que *pas un seul* des explosifs usités et fabriqués en France n'a été essayé à Frameries. Il n'y a, comme explosifs analogues aux nôtres dans le tableau de M. Watteyne, que l'explosif formé de 24 p. 100 de nitroglycérine, 1 p. 100 de nitrocellulose et 75 p. 100 de nitrate d'ammoniaque, comparable à notre grisoutine-roche, par conséquent à température de détonation assez élevée, et le Favier IV, de fabrication belge, de même composition que notre grisoutine-couche, mais avec substitution de la binitronaphtaline à la trinitronaphtaline, ce qui a pour effet d'élever la température de détonation d'un peu plus de 100°.

Ensuite il y a lieu de remarquer que, dans les essais de Sevran-Livry, les charges d'explosifs au nitrate d'ammoniaque et à la nitroglycérine, qui n'ont pas allumé le grisou, ont été *quatre fois* plus fortes au moins qu'à Frameries pour des compositions analogues, en *cartouches nues*, alors que, d'après les essais de M. Heise et ceux de la Commission française, on trouve généralement des charges-limites *plus faibles* avec ce système qu'avec le tirage au mortier sans bourrage. Les expériences de M. Winkhaus (citées page 24 de notre note de 1898) sur les mélanges de nitrate d'ammoniaque et de binitrobenzol donnent aussi de très fortes charges-limites pour ces mélanges, lorsqu'ils sont au-dessous de 1.700° de température de détonation.

Il ne faut donc voir, dans le mauvais classement des explosifs au nitrate d'ammoniaque résultant des essais de Frameries, qu'une conséquence de la divergence des résultats suivant l'appareil d'expériences, comme nous l'avons montré dans notre note de décembre 1898, et suivant l'état physique du mélange, comme le prouve l'exemple classique de la Dahménite A dans les expériences de M. Heise.

Réciproquement, on est en droit de penser que les mélanges complexes, qui ont donné de si fortes charges-limites dans les expériences de M. Watteyne comme dans celles de M. Heise, auraient pu donner des résultats beaucoup moins brillants avec d'autres dispositifs produisant une détonation plus complète que dans l'appareil de Frameries : le vide considérable existant entre les cartouches et les parois du mortier (variant entre la moitié et les deux tiers de la section libre totale) a pu en effet agir dans le sens d'une détonation incomplète, et l'on aurait eu sans doute des résultats fort différents si l'explosif avait rempli exactement la capacité du mortier, comme l'ont montré les expériences de la Commission française (voir pages 253 et 273 du Rapport de Mallard). On est même en droit de s'étonner que les expérimentateurs belges se soient ainsi écartés de parti pris des conditions de la pratique où l'on s'efforce de remplir aussi exactement que possible le trou de mines par l'explosif. Ils annoncent, il est vrai (p. 44 du Rapport), leur intention de placer dans des expériences ultérieures la charge dans une gaine en ciment, « de façon à se rapprocher plus encore des conditions de la pratique » : peut-être eût-il mieux valu s'abstenir provisoirement de faire une classification aussi catégorique que celle de la Circulaire belge du 31 janvier 1905. Ces détonations incomplètes nous semblent être la cause des résultats absolument contraeditoires obtenus à Frameries avec la *fractorite* ainsi constituée :

p. 100.

Nitrate d'ammoniaque........	90
Colophane..................	4
Dextrine..................	4
Bichromate de potasse........	2

Sans bourrage, la charge-limite a été si faible qu'elle n'a pu être déterminée ; elle est, en tout cas, inférieure à 30 grammes ; avec bourrage, la charge-limite a atteint 100 grammes. Il nous parait extrèmement probable que, sans bourrage, cet explosif a donné lieu à une détonation très partielle dégénérant en décomposition fusante du nitrate d'ammoniaque qui a enflammé la colophane, et la combustion de ce corps résineux a enflammé le grisou. Avec bourrage, la fractorite s'est comportée comme un explosif très sûr, parce qu'elle a donné, dans tous les essais, la décomposition explosive.

Le même fait a pu se produire avec les Favier II et IV, dont les charges-limites ont passé de 50 grammes sans bourrage à 500 et 450 grammes avec bourrage de 10 centimètres de sable.

Les résultats obtenus avec bourrage, à Frameries, avec tous les explosifs au nitrate d'ammoniaque à basse température de détonation, sont en définitive fort rassurants pour la pratique actuelle des mines françaises.

En somme, les expériences de Frameries, comme celles, plus anciennes, mais semblables, de Gelsenkirchen, ont accru la liste des explosifs de sûreté, mais n'autorisent pas à penser que certains des mélanges préconisés par la Commission française doivent être rayés de la liste des explosifs de sûreté. Il convient, d'ailleurs, de rappeler ici que la Commission française avait obtenu, elle aussi, de bons résultats avec des mélanges analogues aux produits complexes figurant dans la liste belge. Si l'on se reporte au paragraphe III du Rapport de Mallard (p. 223), on voit que la Carbonite II, la Kohlencarbonite et le Sécurophore III de la liste belge, où la matière explosive est la nitroglycérine et le corps abaissant la température de détonation de la farine de blé ou de seigle, sont comparables au mélange de dynamite et de poussière de houille essayé avec succès par la Commission française ; le Favier II *bis* belge procède du même principe que les mélanges de dynamite et de chlorhydrate d'ammoniaque qui ont donné de bons résultats à la Commission française ; enfin, celle-ci a obtenu également des essais favorables par addition de sels hydratés : carbonate de soude, sulfate de soude ou alun ammoniacal, à la dynamite, mélanges analogues à ceux de la grisoutine, de la dynamite antigrisouteuse V et de la grisoutine II de la liste belge.

Si la Commission française n'a pas cru devoir recommander ces mélanges, c'est que :

1° Pour les sels hydratés, elle a craint que leur efflorescence ne modifie à la longue la composition de l'explosif ;

2° Que, pour les sels hydratés ainsi que pour les mélanges au chlorhydrate d'ammoniaque, elle a eu des raisons d'ordre expérimental de croire que la décomposition de ces produits additionnels était très incomplète pendant l'explosion, même en vase clos (p. 253, 261 et 274 du Rapport de Mallard), et que l'on peut avoir, dès lors, des résultats assez irréguliers;

3° Enfin, pour les mélanges contenant des corps combustibles, tels que la poussière de houille, la farine, etc., elle a redouté des combustions intempestives de ces corps additionnels à l'air libre (p. 236 du Rapport de Mallard). C'est aussi la même préoccupation qui a fait insérer dans l'Arrêté ministériel français du 1er août 1890 (art. 2) la condition que « les produits de détonation des explosifs de sûreté ne doivent contenir aucun élément combustible tel que l'hydrogène, oxyde de carbone, carbone solide, etc... »

Les expériences multiples de Frameries sur les explosifs au sulfate de soude hydraté et au chlorhydrate d'ammoniaque paraissent montrer que ces explosifs se comportent bien comme des explosifs de sûreté, conformément aux résultats pratiques obtenus par la Commission française : les essais encore plus nombreux de Gelsenkirchen et de Frameries sur les mélanges contenant de la farine de blé, de seigle ou de bois, semblent prouver, d'autre part, que les craintes de la Commission française sur l'inflammation possible de ces corps combustibles sont, sinon sans fondement, tout au moins très exagérées.

Si donc les explosifs susdits présentaient une supériorité réelle au point de vue de la *puissance* sur les mélanges au nitrate d'ammoniaque, le devoir de l'Administration française serait de reviser l'Arrêté ministériel du 1er août 1890 pour ne pas priver nos exploitants de ces avantages. Mais, contrairement à ce qui semble ressortir des conclusions de MM. Watteyne et Stassart, l'effet utile de ces explosifs est, au contraire, *inférieur* à celui des explosifs au nitrate d'ammoniaque. Il suffit, pour s'en convaincre, de reprendre les chiffres de la colonne intitulée : « Poids équivalent en énergie à 10 grammes de dyna-

mite n° 1 », dans le tableau récapitulatif de MM. Watteyne
et Stassart. On voit ainsi que ce poids équivalent est de
$10^{gr},56$ à $13^{gr},67$ pour les explosifs au nitrate d'ammoniaque :
dynamite de sûreté, Westphalite, Wallonite, Favier II et
IV, tandis que ce poids atteint :

$18^{gr},08$ pour la dynamite antigrisouteuse V au sulfate
de soude ;

$19^{gr},16$ pour la grisoutine II au sulfate de soude et à la
farine de bois ;

$17^{gr},97$ pour la Kohlencarbonite et $15^{gr},51$ pour le Sécurophore III, tous les deux à la farine.

Les graphiques du paragraphe 3 du Rapport de MM. Watteyne et Stassart (p. 68 de ce rapport) semblent, il est vrai,
attribuer une puissance très supérieure à ces deux derniers
explosifs, mais ce n'est là qu'une apparence. Les auteurs sont,
en effet, pris comme terme de comparaison la puissance
de la charge-limite de chaque explosif, au lieu de prendre
celle de l'unité de poids, qui est, au point de vue écono-
mique, la seule intéressante pour l'exploitant : il en résulte que la puissance de la Kohlencarbonite, ainsi éva-
luée, est 12 fois plus grande que celle du Favier II, parce
que la Kohlencarbonite a une charge-limite de 900 grammes.
et le Favier II de 50 grammes. Sous le même poids, c'est
au contraire le Favier II qui a une puissance 1,5 fois
plus grande que la Kohlencarbonite.

C'est ce qui explique sans doute pourquoi les exploitants français, bien qu'ils aient eu connaissance depuis
longtemps des résultats obtenus par M. Heise avec les
Carbonites I et II et la Kohlencarbonite, n'aient jamais de-
mandé de les expérimenter, même à titre d'essai, dans
les travaux grisouteux : les tableaux de M. Heise, repro-
duits dans notre note de décembre 1898, indiquaient l'in-
fériorité comme puissance de ces explosifs à forte charge-
limite. D'ailleurs, dans les houillères françaises, la charge
des coups de mines est presque toujours peu élevée ; elle

ne serait que de 200 grammes en moyenne d'après l'enquête faite par M. l'Inspecteur général Delafond à l'occasion de sa communication au Congrès des Mines de 1900 à Paris. Dans ces conditions, même en adoptant le principe de la classification belge, les explosifs de sûreté au nitrate d'ammoniaque, qui ont une faible charge-limite sans bourrage, présentent encore un degré de sécurité bien suffisant, puisque, avec bourrage, la charge maximum n'allumant pas le grisou est supérieure à 500 grammes pour le Favier II, par exemple.

C'est dans un autre ordre d'idées que paraissent dirigées les préoccupations de nos exploitants. C'est ainsi que, dans nombre de mines et notamment dans celles d'Anzin, on a cherché à tirer des explosifs le meilleur rendement possible, en obtenant de l'Administration la dispense d'emploi des explosifs de sûreté, ou tout au moins des explosifs à 1.500°, moyennant une surveillance toute spéciale de la teneur en grisou des chantiers, qui ne doivent marquer à la lampe Chesneau que des teneurs insignifiantes pour que cette dérogation soit admise (Arrêté du Préfet du Nord en date du 7 mai 1901). Les rares mines, comme celles de Bessèges, où les fortes charges sont employées de préférence, pour des raisons toutes spéciales, ont obtenu de dépasser le maximum de 1 kilogramme admis par la Circulaire du 8 décembre 1899, mais à la condition que le tirage n'ait lieu qu'après le départ des ouvriers, et, dans ces conditions, le plus ou moins de sécurité de l'explosif perd singulièrement de son importance.

Nous ne voyons donc, en résumé, aucun intérêt d'ordre pratique à ce que la Commission des Substances explosives recommence, sur les explosifs étudiés à Frameries, la série des essais effectués autrefois à Sevran-Livry ; nous n'en voyons pas davantage à ce que l'Administration prenne l'initiative d'une modification de l'Arrêté du 1er août 1890 pour permettre l'emploi, dans nos mines grisouteuses, d'explosifs du type des Carbonites allemandes contenant de la farine et dont la réaction explosive donne de l'hydrogène et de l'oxyde de carbone (voir page 26 de notre Note de décembre 1898).

L'introduction des explosifs du type Favier II *bis*, au chlorhydrate d'ammoniaque, ou des explosifs contenant des sels hydratés, peut d'ailleurs être admise sans modification de l'arrêté, qui n'est pas limitatif quant aux mélanges pouvant être employés et ne cite les explosifs à base de nitrate d'ammoniaque qu'à titre d'indication.

Dans ces conditions, nous sommes d'avis que les expériences de Frameries sur les explosifs de sûreté et la communication dont elles ont fait l'objet au Congrès international des Mines tenu à Liège en 1905, ne comportent quant à présent aucune suite administrative en France.

II. — AVIS DE LA COMMISSION DU GRISOU.

La Commission du grisou, délibérant en section, après avoir entendu la lecture du rapport qui précède et en avoir délibéré, adopte les observations et conclusions de ce rapport, et demande à M. le Ministre d'en prescrire la publication dans un des plus prochains numéros des *Annales des Mines*.

Tours. — Imprimerie Deslis Frères.

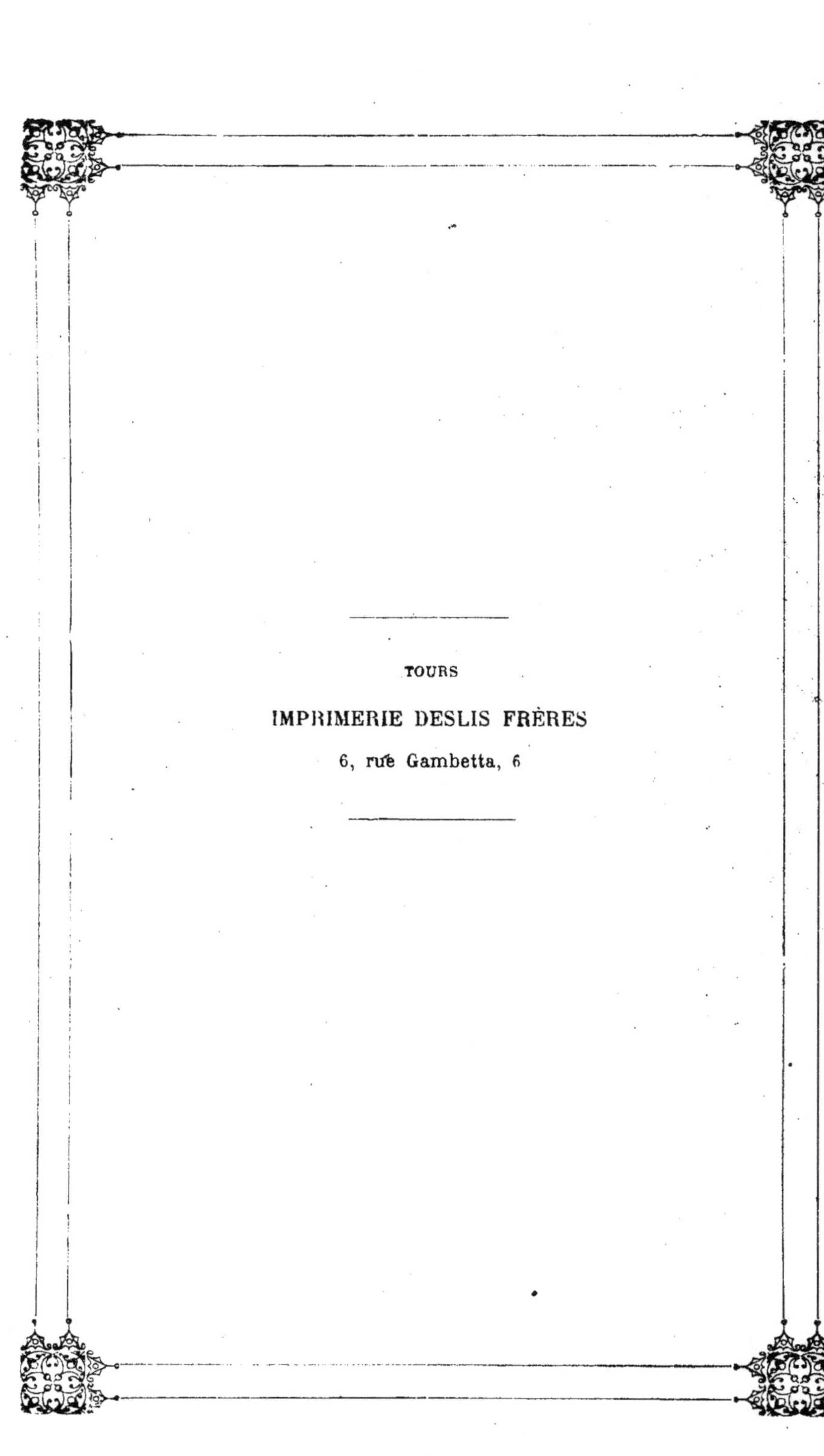

TOURS

IMPRIMERIE DESLIS FRÈRES

6, rue Gambetta, 6